COUVERTURE SUPÉRIEURE ET INFÉRIEURE
EN COULEUR

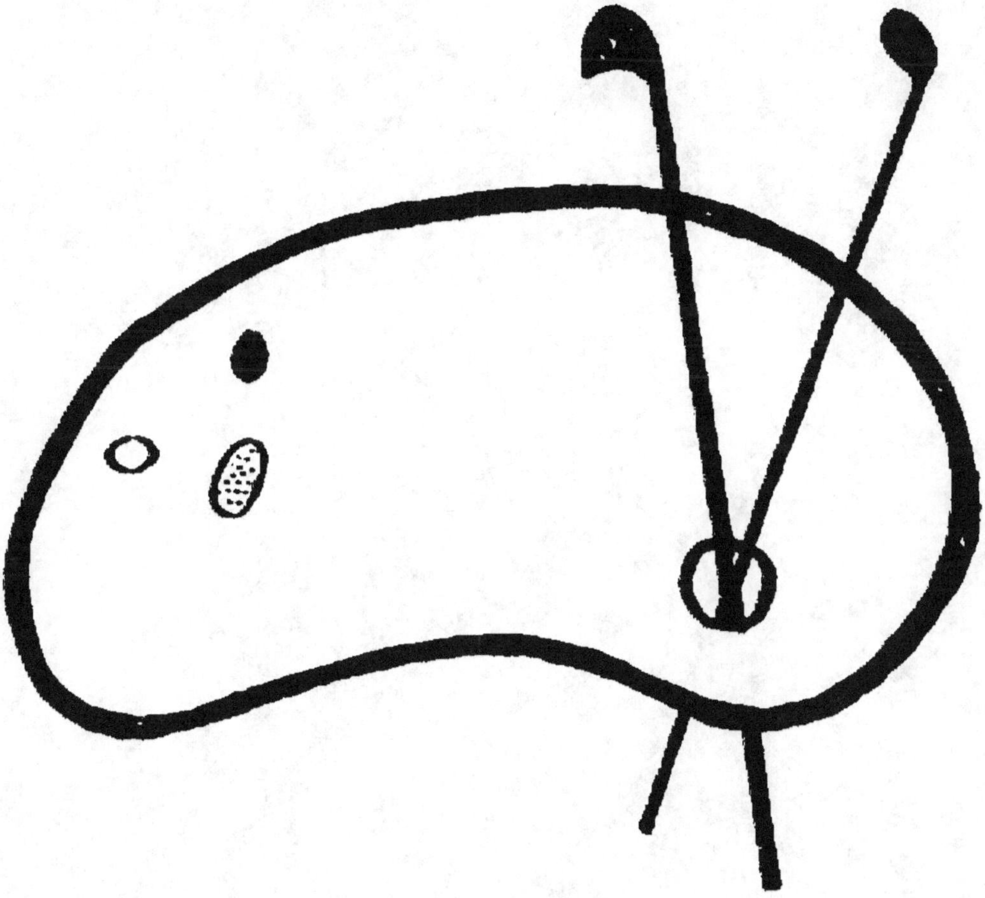

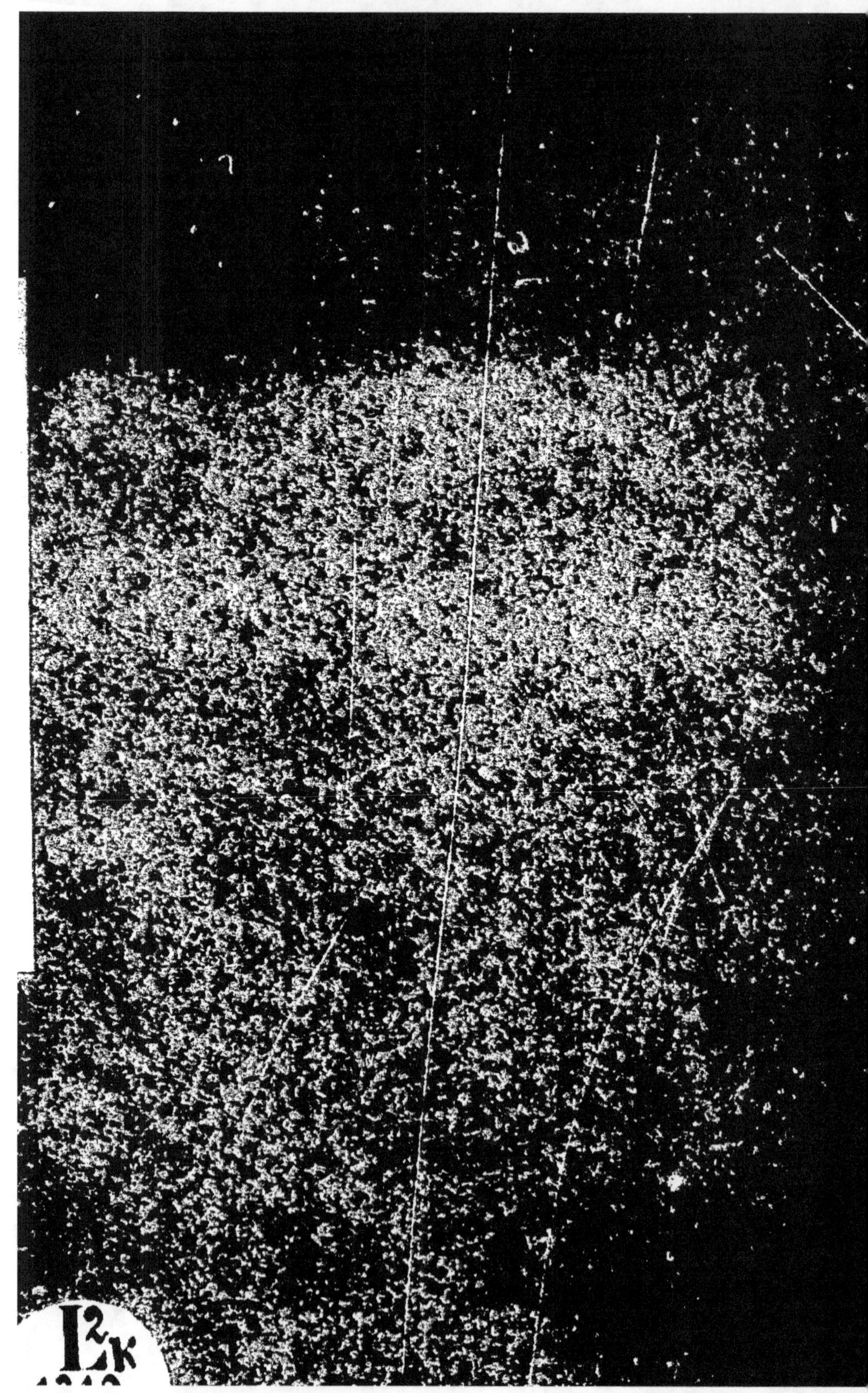

UNE EXCURSION

DANS

LE PERCHE.

Les gens qui explorent nos provinces , nos bourgs et nos villages , et qui ne sont pourtant ni commis-voyageurs, ni colporteurs, ni agents électoraux, ni recors , ni princes grecs dans le besoin ; les intrépides piétons qui s'aventurent le long de nos ornières vicinales, le bâton à la main, le sac ou la gibecière au dos, cherchant des monuments et des impressions, des pierres gauloises, des murs romains, des verrières et des mosaïques, ces aimables désœuvrés , s'ils comprennent bien leur mission de touristes, abordent les lieux qu'ils parcourent avec une préoccupation vraiment naïve. A peine ont-ils passé les limites de l'octroi, qu'ils deviennent de nouveaux hommes : le pays semble aussi tout nouveau pour eux ; on dirait que la pleine de Sablons est devenue le grand plateau de l'Asie, et que la butte Montmartre a été transplantée au bout de la chaîne des Cordillières: ils s'orientent à l'aide de la boussole , constatent les degrés de latitude et de longitude , cassent des pierres pour savoir à quel point ils se trouvent dans l'échelle géologique ; ils interrogent les indigènes sur la façon dont ils naissent, se marient et meurent; ils dessinent gravement le nez camard de l'un et le dos bombé de l'autre ; retrouvent dans leur patois des débris non équivoques de la langue originelle, et, dans leurs habitudes, des traditions féodales ou même druidiques : le voyageur prend beaucoup de croquis et quelques notes; il assigne une destination à des fondements enfouis sous le sol, une date à des corniches ou à des fenêtres, et, après trois jours de courses aventureuses, il revient au logis, chargé de fossiles, de briques à rebords, de vieilles monnaies et de souvenirs, trésors qu'il étalera promptement dans son cabinet d'antiques, et qu'une société quelconque, un institut d'amateurs, un congrès même, seront appelés bientôt à consigner dans leurs annales.

Parmi les mille récits des mille voyageurs pittoresques qui ont sillonné tout récemment le sol de notre France, nous avons distingué un voyage dans la partie du Perche annexée au département de l'Orne, et nous nous empressons d'offrir à nos lecteurs quelques extraits de cette relation romantique.

Constantin avait partagé la Gaule en XVII provinces; XVII archevêchés conservèrent la trace de cette division : mais de grands changements eurent lieu; la fédération recommença l'œuvre, et le sol fut encore différemment réparti : à côté des grandes divisions territoriales, il en nâquit d'autres, moins importantes et moins étendues, et le comté du Perche, voisin de la Normandie et du Maine, fut une de ces subdivisions.

Nous voulions voir les deux capitales du Perche, Bellesme et Mortagne, et le traverser dans toute sa longueur, depuis le monastère de la Trappe, qui se trouve à la frontière du nord, jusqu'au bourg de La Perrière, situé à l'extrémité méridionale. Cette grande expédition exigeait de longs préparatifs, et nous partîmes enfin, le jeudi cinq septembre 1839, à six heures précises du matin.

La bibliographie historique du Perche ne manque ni de ressources, ni d'intérêt. C'est d'abord l'histoire de René Courtin, avocat au siége royal de Bellesme, écrite en 1611 ; puis *le Recueil des antiquités* de Bar-des-Boulais, notaire à Mortagne, écrit en 1613, et dont le manuscrit original enrichit la bibliothèque du Vatican ; puis l'histoire de Gilles Bry, seigneur de la Clergerie, originaire de Bellesme, et avocat au parlement de Paris, imprimée en 1620 : nous avons encore les *Mémoires historiques* d'Odolant Desnos, médecin à Alençon, publiées en 1787 ; la *Chorographie de l'arrondissement de Mortagne*, par M. Delestang, sous-préfet, écrite en 1803 ; l'*Histoire ancienne du Perche*, par le même ; et, bien plus près de nous, *Les vues pittoresques*, de M. Jules Pattu-de-Saint-Vincent, les *Annuaires* de M. Cauvin, le *Dictionnaire* de M. Pesche, la notice sur l'arrondissement de Mortagne, par M. de Lasicotière, et *les Antiquités et chroniques percheronnes* de M. Joseph Fret, curé de Champs, ouvrage dont la publication n'est pas encore terminée.

Eclairés par tous ces flambeaux historiques, nous ne pouvions manquer de prendre intérêt au pays que nous allions parcourir. Et c'est ici l'occasion de placer une réflexion générale : un grand nombre de voyageurs croiraient déroger si, au lieu de visiter des contrées lointaines, d'aller manger des ignames avec les insulaires du nouveau-monde, ou de la viande crue avec les reis abyssiniens, ils se bornaient à visiter leur propre pays, à en explorer les curiosités naturelles, ses ruines historiques, et les paysages : il leur paraît impossible qu'une terre si voisine ait quelque attrait pour eux et pour les autres, et ils se hâtent de la traverser en chaise de poste, bâillant à leur aise et dormant paisiblement jusqu'à la frontière. Ceci est, selon nous, une erreur grave et désastreuse. Il n'est pas besoin de faire profession d'un patriotisme étroit pour aimer à étudier la contrée qui nous environne : mais il faut se connaître avant de vouloir connaître les autres, il faut épuiser la source natale avant d'aller se pourvoir ailleurs; et, au bout de quelques études de ce genre, on s'aperçoit avec surprise que le pays le plus voisin n'est pas le moins riche en antiquités, en souvenirs, en émotions même ; que tout s'y rencontre, dans les sphères si variées de la science et de l'art ; et il résulte de ces pèlerinages, plus faciles et moins coûteux, un attachement vrai pour son pays, une foi sérieuse et réfléchie à sa splendeur et à son avenir.

Le comté du Perche était au moyen âge une marche, une frontière; il dut être le théâtre de bien des luttes, et des forteresses multipliées durent le sillonner de bonne heure. Bellesme, qui disputa longtemps à Mortagne le titre de capitale, fut habitée, du 10ᵉ au 15ᵉ siècle, jusqu'à la réunion du comté à la couronne, par une famille illustre, celle des Guillaume Talvas, dont le chef, Guillaume 1ᵉʳ, s'appelait fièrement *Willelmus princeps*. Ce fut ce Guillaume 1ᵉʳ qui, obligé de se soumettre au duc de Normandie, son vainqueur, lui rendit hommage pieds nus, en chemise, marchant sur les mains, avec une selle de cheval sur les épaules. Ce fut un autre comte, Guillaume II, qui, fatigué des vertus de sa femme, la fit saisir, un jour qu'elle allait à l'église, et étrangler en pleine rue! Robert, comte de Bellesme, surnommé *Le Diable*, était aussi renommé par ses cruautés et ses désordres : il arracha avec ses ongles les yeux d'un jeune enfant, son filleul, dont le père avait commis une faute; presque tous ces comtes mouraient de mort violente, et la comtesse Mabile sut aussi conquérir, au milieu d'eux, une sanglante célébrité. Cette famille des Bellesme était, dans le Perche, une véritable famille d'Agamemnon.

La splendeur de leur capitale est maintenant éteinte : quelques restes de portes et de murailles attestent que ce fut autrefois une ville forte. L'architecture et la décoration intérieure de l'église ne présentent qu'un médiocre intérêt.

La fontaine de la Herse est située dans la forêt, à gauche et à quelques pas de la route, à une demi-lieue de Bellesme. Cette fontaine est composée de deux sources, séparées seulement par une cloison de pierres, et dont la vertu minérale n'est pas identique. La grande fontaine a environ trois pieds de long sur deux pieds et demi de large : l'autre n'a que deux pieds et demi de long sur une largeur de douze à quinze pouces; l'eau de ces deux sources a un pied et demi de profondeur. Celle de la petite fontaine seulement présente à la surface une sorte de pellicule grasse et diversement nuancée; les parois des deux sources sont garnies d'efflorescences jaunâtres; les eaux en ont toujours été considérées comme ferrugineuses, et administrées comme telles; pourtant il serait possible qu'elles ne fussent que bitumineuses; une analyse exacte mettrait aisément un terme à cette incertitude.

La fontaine de la Herse, aujourd'hui peu fréquentée par les malades, est surtout célèbre à cause de deux inscriptions existant sur deux des pierres qui entourent le bassin principal. On lit sur la grande pierre, haute de deux pieds environ, et large de vingt-deux pouces, ce mot :

APHRODISIVM.

L'autre pierre, qui forme un angle droit avec celle-ci, et qui a tout au plus seize pouces de haut, sur une largeur de dix-huit pouces, porte cette inscription, en caractères de dimension un peu moindre :

DIIS INFERIS
VENERI
MARTI ET
MERCVRIO
SACRVM

Ces deux pierres, appartenant à un calcaire grossier, semé de coquilles, et semblables à celles que l'on trouve dans le pays, reposent sur des assises de grès roussard, qui sont peut-être tout ce qu'il y a de ferrugineux dans la fontaine de la Herse.

Cette fontaine est placée au milieu d'un cercle de gazon planté de quelques arbustes exotiques, et autour duquel règne parallèlement une charmille adossée aux grands arbres de la forêt : cette charmille est percée de plusieurs allées verdoyantes, qui aboutissent chacune, du côté de la source, à quelques degrés de pierre. Non loin delà, dans un bas-fond, on a construit un lavoir.

Les inscriptions que nous venons de transcrire, et qui semblent appartenir à l'ère romaine, ont donné lieu à diverses interprétations. Ces inscriptions, en admettant qu'elles ne soient pas apocryphes, ont-elles été placées spécialement en ce lieu, pour caractériser la fontaine de la Herse; ou bien n'y voyons-nous que deux pierres détachées d'un temple voisin, et placées en cet endroit comme par hasard?

La dernière hypothèse ne manque pas de vraisemblance : les vestiges de plusieurs établissements romains existent dans les environs, et Mamers, situé à quatre lieues de Bellesme, Mamers, qui était un des surnoms de Mars, possédait, si l'on en croit la tradition, un temple consacré à ce Dieu.

Nous avouons, au reste, pencher pour l'autre système, beaucoup moins populaire que ce dernier. L'inspection des pierres chargées des inscriptions, leur parfaite identité avec celles qui forment avec elles l'enceinte des deux fontaines, la disposition même des inscriptions, indiquent selon nous qu'elles ont été, l'une comme l'autre, destinées à la décoration, à la désignation spéciale de la source ou d'une chapelle bâtie à l'entour. Le mot *Aphrodisium* désigne tout aussi bien une potion aphrodisiaque qu'un sanctuaire consacré à l'amour. Il faut se souvenir que le culte des fontaines était fort répandu, avant l'invasion romaine; que *herse* signifie *amour* en langue gallique; et nous croyons que la fontaine de la Herse, au lieu d'avoir été découverte comme on le suppose, en 1607, était un lieu sacré pour les Gaulois, puis pour les Romains; que ceux-ci transformèrent seulement le culte qui lui était rendu, et l'approprièrent à leurs dieux.

Herse et *Aphrodisium* sont deux mots énon-

çont une destination pareille : la dédicace à
Vénus, placée la première, confirme cette inter-
prétation. Quant aux dieux inférieurs, à Mercure
et à Mars, une discussion peut encore s'engager
sur ce point. Ces mots, *Diis inferis*, s'appli-
quaient-ils aux trois noms qui suivent, ou bien
le lieu était-il consacré aux dieux inférieurs, puis
à trois grands dieux, Vénus, Mars et Mercure ?

On sait qu'il y avait deux Vénus, la Vénus
céleste, et la Vénus *Libitine* ou *Pandémos* : celle-
ci appartenait aux divinités du second ordre :
mais Mars et Mercure ont, ce nous semble, toujours figuré exclusivement parmi les grands
dieux.

Mercure était chargé de conduire les âmes au
royaume de Pluton; Vénus présidait à leur dé-
part, Mars les y précipitait par les armes. On a
voulu en conclure que l'inscription concernait les
dieux infernaux. Mais ceci nous paraît un contre-
sens, que fait ressortir d'ailleurs le voisinage du
mot *Aphrodisium*. Comment aurait-on consacré à
des divinités de la mort un lieu où se puisaient
les sources de la vie ? *Diis inferis* exprime donc,
à notre avis, non pas les dieux infernaux, mais
bien les dieux inférieurs. Il se peut que l'inscription ait été faite à une époque où le paganisme se
rapprochait déjà de l'unité proclamée par Socrate
et Jésus, où il n'y avait plus qu'un grand dieu,
Jupiter, et où tous les autres dieux, Mercure,
Mars, Vénus et les autres, étaient considérés
comme des divinités secondaires.

Nous pensons, en nous résumant, que les
inscriptions dont il s'agit ont été faites pour la
fontaine de la Herse; que cette fontaine, sous les
Romains comme sous les Gaulois, était consacrée

à Vénus et à l'amour; que l'on attribuait sans doute à ses eaux une vertu prolifique ou voluptueuse; et que Mercure et Mars ne se trouvaient là que comme un appendice, motivé peut-être sur une préférence particulière au pays. Vénus était représentée sortant de l'onde; Mercure était le Dieu de tous les commerces, il protégeait les voyageurs, il protégeait les relations amoureuses, il avait le trident comme Neptune, et, dans la distribution des éléments, faite par Jupiter, il avait reçu l'eau en partage. Mercure et Mars étaient vénérés par les Gaulois, qui leur sacrifiaient des victimes humaines, et qui adoraient ce dernier sous la forme d'une épée nue. Mars et Vénus étaient des divinités inséparables l'une de l'autre dans l'imagination des peuples, et les Romains, par une concession habile, avaient pu établir et perpétuer le culte de leurs dieux, en souffrant qu'ils fussent relégués par les vaincus au rang des divinités du second ordre.

On a proposé de transporter dans un musée les pierres de la fontaine de la Herse. Nous voulons autant que personne la conservation de ces inscriptions curieuses; mais il nous semble qu'il y a un vandalisme presqu'aussi stupide à déplacer les monuments qu'à les dégrader ou à les détruire : et cette opinion, qu'il serait superflu de développer ici, nous engage à protester de toutes nos forces contre une mesure que ne justifie d'ailleurs aucun péril en la demeure.

Le premier village qui se rencontre sur la route de Bellesme à Mortagne est le village du Pin. Le portail roman de son église a dû être décrit par M. Lenoir. Ce portail, qui remonte aux premières années du XIe siècle, présente, outre les ornements ordinaires à l'architecture de cette époque, une ligne curieuse de signes bizarres, étoiles, oiseaux, instruments, que l'on croit appartenir, en tout ou en partie, au symbolisme de la franc-maçonnerie. La fenêtre romane, qui se trouve placée au-dessus du portail, commence à se dégrader; on a acheté, pour la remplacer bientôt, les pierres d'une fenêtre ogivale du XVIe siècle, enlevée à l'église de Mortagne : cette fenêtre, dont les dimensions écraseraient d'ailleurs le portail roman, formerait avec lui, par son style, un contraste de fort mauvais goût, et nous préférerions une restauration telle quelle de l'arcade existante, plus, s'il le faut, application immédiate, aux deux côtés du pignon de l'église, de deux vigoureux contreforts, destinés à en prévenir la ruine.

Il ne reste plus rien des anciennes fortifications de Mortagne : l'église, du XVIe siècle, est belle, et de noble architecture; nous avons vainement cherché, sur les murailles de sa tour, les traces des boulets de la ligue. Plusieurs vitraux curieux en ornent les fenêtres : d'autres ont été enlevés, on ne sait pour quelle cause, et il serait bien à désirer qu'ils fussent rendus au plus tôt à leur destination.

M. de Lestang, sous-préfet de Mortagne en l'an XI de la république française, a publié à cette époque une *chorographie* assez bouffonne de sa sous-préfecture. Il y est dit que le climat de l'arrondissement est sujet à des variations nombreuses et soudaines, *à raison du voisinage de la mer;* que le pays est exempt d'épidémies *de mauvais caractère;* que ses habitants, de constitution forte et robuste, sont en général *enclins à l'amour* (ô fontaine de la Herse, ô aphrodisium ! tu es donc toujours une vérité !) ; on y voit encore que le sol de l'arrondissement est volcanique, et que plusieurs villes y ont été détruites par des éruptions. M. de Lestang a pris pour épigraphe de son livre ce vers d'une tragédie de Chilpéric :

Tenter est des mortels, réussir est des Dieux.

M. le sous-préfet n'a qu'à moitié réussi dans sa chorographie, ce qui ne lui permet guères de s'attribuer d'autre titre que celui de demi-dieu. Nous le lui accordons bien volontiers.

En quittant Mortagne, pour se diriger vers la Trappe, on côtoie des ravins pittoresques; et, après une heure de marche, on arrive à une vallée d'où s'élève la belle tour de Saint-Hilaire, foudroyée il y a deux ans, et que dominent encore le Mont-Cacune, Saint-Marcel, Sainte-Ceroune et Mont-Romigny. Là passait une voie romaine, appelée encore chemin *ferré*; là on trouve des tombeaux en grès ferrugineux, des armes, des monnaies, des murs ensevelis, des débris de briques et de poteries. C'est sur la hauteur de Romigny, et, dans un rayon de quatre arpents', que l'on trouve, depuis longues années, les tombeaux dont nous parlons Nous en avons vu beaucoup de débris, et une tombe tout entière, percée d'un trou à sa partie inférieure et qui sert d'auge pour abreuver les bestiaux d'une ferme.

Ces tombeaux sont-ils gaulois, romains, saxons? appartiennent-ils au moyen-âge ? Mille contradictions viennent à cet égard embarrasser l'archéologue. Urnes cinéraires, médailles à tête radiée, depuis Auguste jusqu'à César Hostilien, aigles servant d'agrafes, chapiteaux et briques à rebords, trouvés souvent dans les tombeaux mêmes, tout semble indiquer ici l'âge romain; mais à côté se rencontrent des armes et des monnaies nullement romaines, des cercueils dont les conquérants ne paraissent jamais avoir fait usage.

En 1600, on trouva en ce lieu une tombe en pierre ; dans cette tombe, un corps de guerrier, avec un corps d'enfant, un casque, des gantelets, une épée, des pièces à l'effigie d'Auguste. En 1814, on découvrit le corps d'une femme et de deux petits enfants placés sur ses cuisses : plus tard, un squelette ayant encore une chaîne en cuivre de six pieds de long, terminée par une agrafe ciselée de même métal : plus tard encore, une douzaine de squelettes entassés sous le sol.

On voit aussi, et nous avons vu nous-même, des ossements déposés dans la terre, sans aucune apparence de cercueil, soit qu'ils aient été enterrés ainsi primitivement ; soit qu'ils aient été jetés hors de leurs bières à une époque postérieure, soit encore que leurs cercueils, étant de simple bois, aient disparu avec le temps.

Sur la butte opposée, appelée le Mont-Cacune, on trouve de grands débris, une quantité considérable de briques et de poteries fines, brisées ; des fondements, des monnaies romaines, des scories de fer, lourdes et encore pleines de minerai, comme celles que laissaient les romains dans leurs mines.

Le peuple a conservé la tradition qu'il y avait là une grande ville, une ville de désordre et de débauche. « C'étaient, dit un manuscrit ancien, évidemment écrit sous une influence cléricale, c'étaient des bacchanales et des orgies qui duraient huit jours ; il s'y passait des indécences révoltantes, comme il était d'usage dans le culte de l'idolâtrie. » On y adorait Isis et Osiris, puis

Bacchus, Vénus et Mercure. Les Romains auraient ruiné là une ville gauloise ; des pirates saxons auraient plus tard , vers l'an 285, ravagé au même endroit une cité romaine. Tout ceci offre un vaste champ aux hypothèses et aux conjectures.

Sans approfondir une question qui , faute de sources authentiques , n'est pas selon nous, susceptible de l'être , on peut penser qu'une ville gauloise exista sur l'emplacement de Sainte-Ceroune , ou dans les environs ; qu'un établissement romain s'y fit par la suite , et qu'une lutte s'engagea , vers la fin du IIIe siècle , soit entre les conquérants et les indigènes, soit entr'eux et quelques envahisseurs étrangers. Les médailles romaines, trouvées à Sainte-Ceroune, ne dépassent pas l'année 260 ; c'est à peu près à la même époque que l'on fait remonter l'invasion saxonne : il se peut qu'un combat ait eu lieu en cet endroit, et que le prétendu cimetière de Romigny ne soit qu'un champ de bataille, où les romains et leurs adversaires aient été enterrés pêle mêle , les chefs dans des tombes de grès , le reste dans le sol lui-même ; ce qui expliquerait la confusion étrange qui règne dans cette nécropole. Avec beaucoup de bonne volonté , on pourrait voir dans le nom de *Romigny* , donné à ce lieu , la preuve que l'établissement romain fut ruiné et incendié par l'armée ennemie , qui serait alors demeurée victorieuse.

Sainte-Ceroune , qui habita Saint-Marcel alors couvert de bois , vers la fin du Ve siècle , est fort honorée en ce lieu : elle y a sa fontaine miraculeuse , cachée dans un ravin , et tout-à-fait à sec au moment où nous l'avons visitée. Elle m'a rappelé malgré moi cette roche de la forêt de Fontainebleau, appelée *la roche qui pleure*, et qui depuis longtemps ne pleure plus. L'église de Sainte-Ceroune, construite au IXe siècle sur le tombeau de la sainte, n'a de remarquable que son antiquité.

D'autres traces de la conquête existent dans l'arrondissement de Mortagne, notamment au hameau de Mézières : les forges Gauloises avaient cédé la place aux forges romaines et c'est l'immense quantité de scories provenant de ces usines qui avait amené le respectable M. de Lestang, aux yeux duquel ces scories étaient des Laves, et un citoyen Taffin, son correspondant officieux, à considérer le sol de l'arrondissement comme éminemment volcanique.

La distance de Sainte-Ceroune à Champs est peu considérable, et elle le paraît moins encore à cause des charmants paysages qui s'y rencontrent. Champs fut pour nous un lieu de halte dont nous ne perdrons pas le souvenir. M. Fret, curé de cette commune, qu'il administre spirituellement depuis seize années, s'occupe avec zèle du passé et de l'avenir de son pays. Ses *Antiquités et chroniques Percheronnes* jetteront un grand jour sur l'histoire locale. M. Fret termine en outre un travail utile sur les légendes des livres sacrés : il publie depuis deux ans un almanach du Perche, petit livre populaire, plein d'originalité, de verve et de raison. Il faut l'entendre lire, avec cet accent percheron qu'il sait si bien imiter, les scènes plaisantes qu'il a rédigées d'après nature, et que couronne toujours une moralité douce et religieuse.

M. Fret n'est pas seulement historien ; il est poète : on en pourra juger par les vers qui suivent :

LE CURÉ DE VILLAGE.

A MON FRÈRE.

Frère , de ma retraite obscure
Je vais essayer la peinture :
De ce vallon où le ruisseau
  Murmure
Je voudrais t'offrir un tableau
  Nouveau.

Au fond d'un hameau solitaire ,
Dans une modeste chaumière ,
Doucement s'écoulent mes jours
  Sur terre.
O Champs ! tu seras mes amours .
  Toujours.

Sur le penchant d'une colline ,
S'élève l'église voisine ,
Qu'un bois touffu de sapin noir
  Domine.
Des vieux corbeaux c'est le manoir
  Le soir.

Du temple saint la flèche altière
Domine l'enclos funéraire ,
Où chaque mort est maintenant
  Poussière ,
Où , tôt ou tard , chaque vivant
  Se rend.

Du bois l'éternelle verdure
Au vieux castel sert de parure ,
Quand l'aquilon dans ses fureurs
  Murmure ,

Quand l'hiver ravit leurs couleurs
        Aux fleurs.

Lorsqu'au retour de l'hirondelle
La campagne devient si belle,
Que mai fait éclore la fleur
        Nouvelle,
Je sens palpiter de bonheur
        Mon cœur.

Dans une douce rêverie
J'aime à parcourir la prairie
Que Flore de mille couleurs
        Varie,
Quand l'aurore humecte de pleurs
        Les fleurs.

Au fond d'un verdoyant bocage
J'écoute à travers le feuillage
Du rossignol le ravissant
        Ramage :
La nuit que j'aime son accent
        Touchant !

Au son de la cloche argentine
Que répercute la colline,
Vers le saint lieu tout mon troupeau
        Chemine :
Que je me plais dans ce hameau
        Si beau !

Si, loin du fracas de la ville,
Je pouvais, heureux et tranquille,
Au sein de ce troupeau toujours
        Docile,
Terminer en paix de mes jours
        Le cours !

Ah ! que ma tombe solitaire
Dans ce champêtre cimetière
S'élève un jour sous l'épaisseur
  Du lierre :
C'est le dernier vœu du pasteur
  Rêveur !

L'église de Champs est sous l'invocation de saint Evroult. Elle appartenait à un monastère dépendant de l'abbaye de ce nom. Le portail est d'une belle architecture romane : il paraît remonter au commencement du XIe siècle. La plupart des fenêtres appartiennent à un style ogival déjà assez avancé, et sont ornées de vitraux d'une grande dimension.

Le premier vitrail, en partant du chœur, représente d'un côté saint Evroult, de l'autre saint Michel terrassant le diable.

Dans le second, sont figurés : le père éternel, tenant son fils crucifié dans ses bras (nous avons vu le même sujet sculpté en pierre sur une vieille croix de la commune de Monhoudou); quatre anges, dont deux sont en prières, et les deux autres jouant du luth et du rebec; une vierge soulevant le corps de son fils; une charmante figure de sainte Geneviève, lisant, et en costume complet du XVIe siècle; plus bas de petits groupes de génies (peut-être d'amours) placés deux à deux, les uns ailés, les autres sans ailes, et combattant avec des flèches.

Le troisième vitrail se compose d'une belle tête de Dieu le père, et de l'histoire de Ste-Barbe, en quatre tableaux : celui où elle est représentée attachée à un poteau, couverte de longs cheveux blonds, nue jusqu'à la ceinture, et entourée de bourreaux qui la flagellent, nous a paru surtout d'une belle exécution.

Trois autres vitraux représentent la transfiguration, saint Jacques le majeur, saint Jean-Baptiste, la Nativité et saint Joseph portant un flambeau; plus un fragment mutilé de l'arbre de Jessé.

Ces belles verrières courent quelques risques dans l'église de Champs; mais tant que M. Fret sera là, la conservation en sera assurée.

Le tableau qui décore le maître-autel est peint avec un talent peu commun : il est l'œuvre d'un pauvre artiste, nommé Zacharie Roger. auquel il fut payé cent francs. Saint Evroult, cherchant un ermitage dans la forêt du Perche, rencontre un brigand armé : il lui montre le ciel de la main, et lui adresse ces paroles : « Dieu a dit : ne craignez pas ceux qui tuent le corps; l'âme n'est point en leur pouvoir. » Le brigand, frappé de la majesté du saint, laisse tomber son arme et se retire.

Le pauvre Zacharie vit et respire dans ce tableau, qui fut sans doute sa dernière œuvre. C'est lui qui est là, écoutant le moine lui parler des misères de ce monde et des joies de l'autre; c'est lui qui regarde saint Evroult lui montrer le ciel. Il y a sur sa physionomie une lueur de foi et d'espoir, illuminant les traces creusées par la misère; mais la lueur devait s'effacer bientôt : l'artiste ne vint point le lendemain, comme avait fait le bandit, apporter aux pieds du saint ermite, avec la confession de ses fautes, trois pains cuits sous la cendre et un rayon de miel; et il mourut trois mois après, de maladie, de découragement et de faim.

Il y a une lieue et demie de Champs à La Trappe. Lorsqu'on se dirige vers ce monastère fameux, fondé, en 1140, par un Rotrou, comte du Perche, l'aspect du pays change tout à coup; les maisons deviennent rares, le sol crayeux se charge d'une végétation maladive : des collines couronnées de grands bois, derniers débris du *saltus perticus*, des bruyères rougâtres, comme celles qui couvrent les bercous de la Sarthe et les couevrons de la Mayenne, règnent et s'arrondissent à l'horizon. On s'attend à quelque chose de nouveau et d'étrange; on pressent que les hommes qui habitent ce pays ne ressemblent pas aux autres hommes, et que l'on va pénétrer dans une sphère jusqu'alors inconnue.

L'abbaye de La Trappe est située sur le territoire de cette commune de *Soligny*, où l'on a voulu voir, même à l'aide d'une étymologie assez aventureuse, un volcan et des laves. Pour notre compte, il nous eût été bien agréable de croire à la réalité de ce rêve, et de faire asseoir la maison de réfuge et de pénitence sur des débris de déchirements volcaniques.

Les anciens bâtiments de l'abbaye, et jusqu'à leurs ruines, ont complètement disparu; ce que l'on voit maintenant est une construction toute neuve, commode peut-être, mais bien vulgaire. On a rencontré, dans les champs, des hommes du moyen-âge, à robe de laine blanche et à scapulaire noir; on a vu ces hommes pousser la charrue, curer les étangs, lier les gerbes, creuser les chemins; on les a entendus chanter dans la nuit des hymnes saintes, avec l'idiôme des temps passés; on sait que ce sont de vrais ermites associés, mais séparés l'un de l'autre par le silence comme par un dé-

sert, couchant sur la dure, se condamnant à toutes les privations, au jeûne, aux veilles, à la chas-
teté : et l'on est triste de voir ces hommes habiter
une maison de moëllons et de plâtre, avec un por-
tier et une sonnette, marcher sur des parquets
cirés, heurter du pied des crachoirs pareils à ceux
de nos musées, vivre enfin de la vie impossible
des premiers siècles, au milieu des recherches et
des enjolivements de la société la plus moderne.
Mais on admire qu'il se trouve, en ce siècle d'in-
dividualisme absolu, cinquante hommes capa-
bles de s'abdiquer eux-mêmes au profit de la volonté d'un autre; cinquante hommes qui consentent
librement à se charger pour toute leur vie des
liens d'une règle, et qui vivent et meurent, ca-
chant sous les plis de leurs cagoules blanches, un
abîme de douleurs et de passions.

Nous ne viendrons pas ici discuter l'existence
des trappistes, qui usent d'un droit en se faisant
ce qu'ils sont. Napoléon l'a dit : « Il faut un asile
aux grands malheurs et un réfuge aux imagina-
tions exaltées. » Que ces hommes, s'ils se croient
coupables, purifient leur passé par la pénitence
et par le travail; rien de mieux : qu'ils reçoivent
du riche pour donner au pauvre, rien de mieux
encore. Nous voudrions seulement que ce travail,
qui est un de leurs devoirs, ne vînt pas se résou-
dre, comme chez l'un d'eux, en un ouvrage de
scolastique et métaphysique stérile, qu'il faudrait
laisser aux idéologues de l'école. M. Debreyne,
auteur d'un livre de philosophie qui se vend à la
porte du couvent, peut être un bon médecin, un
penseur rigoureux, un métaphysicien habile :
mais nous le prions en grâce de ne pas défigurer
la vieille Trappe des Rotrou, déjà fort compro-

mise par les maçons de 1832, en en faisant un atelier philosophique et littéraire. Il nous objectera que l'abbé de Rancé, le réformateur, débuta par une traduction d'Anacréon : mais sa traduction était antérieure à sa vocation et à sa réforme, et je doute que, s'il vivait aujourd'hui, lui qui a commandé à ses frères l'oubli du monde et le silence, il laissât M. Debreyne argumenter dans sa cellule, ni plus ni moins que s'il était en Sorbonne, et se souvenir à la Trappe de la physiologie, de la phrénologie et du magnétisme animal.

Quelques jours avant notre arrivée, un homme était venu se renfermer au couvent : il était sorti de sa religion pour la refaire ; il avait commis bien des absurdités et bien des inconséquences ; il était tombé dans le domaine du journalisme et sur la palette du *Charivari*. L'abbé Auzou s'est fait trappiste, après avoir rétracté tout son passé. Il était devenu ridicule ; il ne deviendra point sublime, mais au moins il sera plaint et pardonné.

La Sarthe prend sa source à quelque distance de la Trappe, ce qui a donné à Théodulphe, évêque du Mans, l'idée de comparer les sources des eaux de cette rivière à celles du Jourdain.

Notre pèlerinage était fini, et nous dûmes revenir sur nos pas, en laissant de côté les ruines du Val-Dieu, la curieuse église d'Anthenis et les forges du canton de Thourouvre, d'où est sorti *le pont des Arts*. Nous vîmes au retour le beau château de M. Jules de Saint-Vincent, où nous attendait une hospitalité charmante, qui nous prouva que les Percherons de notre temps étaient comme au temps où écrivait René Courtois, c'est-à-dire en 1611, toujours *gracieux* et *débon-*

naires. M. de Saint-Vincent qui a publié, il y a quelques années, un beau livre sur le Perche, s'occupe en homme de goût et en homme du monde de la science des antiquités. Il nous montra toutes ses richesses, des médailles gauloises, romaines, bourguignonnes, qu'il partagea avec nous; un magnifique bas-relief de 1513, contenant dix personnages, et représentant Jésus descendu de la croix; un tableau attribué à Van-Dyck, une montre de Voltaire, un portrait de M⁰ᵉ de Maintenon, ayant appartenu à Louis XIV, enfin mille autres objets d'un grand prix, qui, pour nous, ne valaient pas, à eux tous, l'accueil hospitalier et cordial de leur propriétaire et de sa famille.

Nous revîmes aussi la fontaine de la Herse, et, pendant que mon docte compagnon de voyage discutait gravement la question des futaies pleines et des futaies sur taillis, je regardais à travers les arbres une jeune femme qui s'était enfuie à notre approche, et qui venait sans doute rendre à la fontaine de Vénus le culte que lui vouèrent tant de générations éteintes. Je déplorai, en m'éloignant, que *l'aphrodisium* eût changé de rôle, et que l'eau propre aux amants ne fût plus guères considérée de nos jours que comme un remède pour les graveleux et les hypocondriaques.

Pour nous rendre de la Herse à la Perrière, nous eûmes à traverser des futaies admirables, dont la marine de l'état sait tirer un bon parti : à la lisière du bois, nous apparut un vieux manoir du XIVᵉ siècle, le château de Montimer, avec son donjon et ses machicoulis, et, dans une embrasure, sous un vaste rideau rouge, deux jeunes filles qui riaient et chantaient en continuant leur broderie. A l'angle de la route se trouve un grand

Christ en bois, dont les pieds reposent sur la tête mutilée d'un autre Christ. Puis on gravit le plateau de la Perrière, du haut duquel le spectateur jouit d'une vue immense. La Perrière était une forteresse des comtes de Bellesme ; son église offre quelques détails curieux. Le sol sablonneux des environs contient ce grès ferrugineux, avec lequel ont été confectionnés tous les cercueils que l'on déterre à chaque pas dans le Saonois et dans le Perche, à Ste-Ceronne, au hameau de St-Hilaire, à Saônes, à Rouessé-Fontaine, à la Perrière même. Dernièrement encore, en extrayant le grès d'une carrière anciennement ouverte près du bourg, on a trouvé, sous le sol, un cercueil non achevé. De cette découverte, et du nom même de *la Perrière*, on pourrait conclure que là se fabriquaient la plupart des cercueils de grès roussard qui sont répandus dans tout le pays. De nos jours, où le respect pour les morts s'est singulièrement affaibli, la fabrique funèbre de la Perrière n'aurait plus de débouchés ; quelques planches de peuplier à peine jointes deviennent notre dernier asile : mais ceux qui vivent se protégent mieux que ceux qui meurent ; la Perrière et les lieux qui l'avoisinent sont construits en grès roussard, et le cercueil de plus d'un ancêtre a servi de base ou de soutien à l'habitation de ses descendants.

P. Delasalle.

Imp. de Ch. Richelet, rue de la Paille, au Mans.